ENCYCLOPÉDIE

POPULAIRE,

OU

LES SCIENCES, LES ARTS

ET LES MÉTIERS

MIS À LA PORTÉE DE TOUTES LES CLASSES.

L'instruction mène à la fortune
et conduit au bonheur.

Les contrefacteurs seront poursuivis selon toute la rigueur de la loi.

Extrait du Code pénal.

Art. 425. Toute édition d'écrits, de composition musicale, de dessin, de peinture ou de toute autre production, imprimée ou gravée EN ENTIER OU EN PARTIE, au mépris des lois et réglemens relatifs à la propriété des auteurs, est une contrefaçon, et toute contrefaçon est un délit.

Art. 427. La peine contre le contrefacteur, ou contre l'introducteur, sera une amende de cent francs au moins et de deux mille francs au plus; et contre le débitant, une amende de vingt-cinq francs au moins et de cinq cents francs au plus.

La confiscation de l'édition contrefaite sera prononcée tant contre le contrefacteur que contre l'introducteur et le débitant.

Les planches, moules ou matrices des objets contrefaits seront aussi confisqués.

PARIS. — IMPRIMERIE DE FAIN,
Rue Racine, n. 4, Place de l'Odéon.

LE TOISÉ
DES BATIMENS,

OU

L'ART DE SE RENDRE COMPTE,

ET DE METTRE A PRIX

TOUTE ESPÈCE DE TRAVAUX;

OUVRAGE UTILE
AUX ARCHITECTES, CONSTRUCTEURS ET PROPRIÉTAIRES;

PAR L. T. PERNOT,

ARCHITECTE, EXPERT PRÈS LES TRIBUNAUX.

HUITIÈME PARTIE.

PLOMBERIE ET FONTAINERIE.

PARIS.

AUDOT, LIBRAIRE-ÉDITEUR,
RUE DES MAÇONS-SORBONNE, N°. 11.

1829.

TOISÉ

DES BATIMENS.

PLOMBERIE ET FONTAINERIE.

NOTIONS GÉNÉRALES

Sur tous les ouvrages qui en dépendent.

Le plomb est un métal très-pesant, aisé à fondre, mou, d'une couleur blanche plus sombre que celle de l'étain. Il y a deux sortes de plomb, le plomb blanc et le plomb noir. Le premier se trouve dans les mines d'or et d'argent; il est sec, aride et très-sujet à se casser; on ne peut s'en servir qu'en l'alliant.

Le plomb noir, au contraire, sort de la mine qui lui est propre. C'est celui qu'emploient les plombiers.

Le plomb se tire en grande partie d'Angleterre, d'Allemagne et de Bretagne.

Le plomb se livre dans le commerce en saumons, qui ont un pied et demi de long sur 8 pouces de large , et pèsent environ 140 livres.

Les plombiers fondent leur plomb dans une chaudière de fonte de fer, montée sur un fourneau de maçonnerie, qui est stable sous un tuyau de cheminée pour la décharge de la fumée. Pour la fonte, il faut garnir le fond de la chaudière avec des morceaux de vieux plomb , sur lesquels on pose les saumons par couches , jusqu'à ce que l'on ait rempli la chaudière jusqu'aux bords , et l'on remplit les vides par des petits morceaux de plomb.

La chaudière ainsi disposée , on allume le foyer ; quand le feu est bien allumé, on retire plusieurs embrasées que l'on met en travers sur la chaudière pour activer la fonte du plomb, et même on mettra sur ce brasier quelques saumons pour donner une nouvelle action au feu.

Le plomb fondu, on n'entretiendra plus le feu supérieur, et les charbons tombés dedans seront enlevés avec l'écumoire , et mis dans un coin de l'atelier avec ce que les plombiers nomment crasses ; ces charbons, loin de nuire au plomb, servent à le revivifier. Quelques personnes y jettent préférablement de la cendrée.

Quand le plomb est fondu et que l'on veut mettre dans la chaudière de nouveaux saumons, il faut examiner s'ils sont bien secs, et s'il ne reste pas d'eau dans de petites concavités; car, s'il se trouvait de l'eau renfermée dans le plomb qui fond, elle ferait rejaillir le métal avec une explosion dangereuse pour les assistans.

Lorsque le plomb est fondu et purifié, il peut prendre toutes sortes de formes dans des moules.

On entend par table, une surface de plomb d'une certaine longueur, largeur et épaisseur. Ces tables se coulent ou sur sable ou sur toile. Le moule dont se servent les plombiers, forme une caisse de 16 à 18 pieds de long sur 4 à 5 pieds de large, et de 8 pouces environ de profondeur; elle porte sur plusieurs tréteaux de charpente, qui s'élèvent de terre d'environ 3 pieds. On met dans cette caisse une couche de sable d'environ 6 pouces; le sable que l'on emploie à Paris pour cet usage, se tire des sablonnières de Belleville. Lorsqu'on ne se sert pas du moule, il est recouvert d'une couverture en charpente pour empêcher la poussière d'y entrer.

La poêle, qui est au bout du moule, et dans laquelle on transporte le plomb de la chaudière pour le couler sur le sable, est de cuivre; elle est évasée comme un éventail, elle est enfermée dans un châssis de fer qui a une queue de 2 pieds de long, pour aider les compagnons à la lever plus aisément. Les outils dont se servent les plombiers sont l'arrosoir, le labour, le râble, la plane, la truelle, la cuillère, la serpette et le levier.

Le moule exige différentes préparations avant de couler le plomb. Il faut d'abord arroser toute la superficie en assez grande quantité, pour que l'eau puisse pénétrer et détremper toute la profondeur de sa couche; 2°. Labourer le sable qui est dans le moule; cette opération se fait de la même manière que lorsqu'on bêche un jardin. Le sable ainsi retourné, on le nivelle par le moyen du râble qu'on fait couler d'un bout à l'autre du moule; par son moyen on pulvérise les mottes, et on rend la couche de sable unie.

Ensuite on la plane. Cette opération consiste à faire chauffer l'instrument de ce nom; avant d'appuyer cette plane sur le sable, il faut avoir l'attention de frotter le côté qu'on veut y appliquer avec de la graisse pour la rendre plus douce. On observera, 1°. que la plane ne soit pas trop chaude, parce qu'elle sécherait trop le plomb qu'on doit y couler, et le rendrait graveleux. 2°. Il ne faut pas qu'elle soit trop froide, parce que le sable, n'ayant pas perdu assez de son humidité, elle bourerait le plomb et l'empêcherait de couler. Par cette opération le sable devient uni et prêt à recevoir le plomb qu'on veut y couler. Mais il faut, avant cette opération, ouvrir des fossés au bout de la couche de sable pour recevoir la quantité de plomb qui excèdera celle qu'il faut pour chaque table, car sans cette précaution le plomb reviendrait sur lui-même, et rendrait la table plus épaisse dans un endroit que dans l'autre. Si l'on veut des tables moins larges que le moule, on se sert de l'*éponge* : c'est une planche qui est portative, elle a la hauteur du moule, et est de toute sa longueur inférieure. On la fait entrer dans le sable par le moyen d'un fossé qu'on y fait, et que l'on recomble tout autour pour l'affermir, après l'y avoir fait entrer.

Les plombiers reconnaissent que le plomb est bon à couler quand il commence à s'attacher aux bords de la poêle : quand il est autrement ils le laissent refroidir, ou y jettent des morceaux de plomb froid, jusqu'à ce qu'il opère l'effet désigné ci-dessus. Quand la table est coulée sur le moule, on la roule sur elle-même en forme de rouleau, on l'enlève de dessus la table en prenant un levier qu'on passe dans le milieu.

Les tables manquées en totalité seront refondues ; celles au contraire qui n'auront de défaut qu'en un certain endroit, seront coupées, la partie saine sera employée et l'autre fondue. Le plomb tombé dans les fossés s'enlève au moyen d'anneaux placés lorsque le plomb n'était pas pris, et on replace ces rejets de nouveau dans la chaudière.

On coule aussi les tables sur toile ou sur drap de laine ; ces moules s'appellent *moules à toile*. Il en existe de deux sortes : l'un est bordé par un châssis des deux côtés, et n'exige pas un râble différent des moules à sable. L'autre n'est bordé que d'un seul côté. Il faut avoir l'attention de tendre son étoffe ou drap autant qu'il sera possible, en la clouant aux rebords de la table du moule, ensuite on met par dessus un coutil que l'on a le soin de clouer de la même maniére ; il faut avoir le soin en outre de graisser cette toile, afin qu'elle adoucisse le plomb qu'on y coule, et que les tables aient moins d'âcreté, et soient moins sujettes à se casser. Il convient de donner à ces sortes de moules une pente de 12 ou 14 pouces au lieu de 2 qu'ont les moules à sable.

Le degré de chaleur pour ces sortes de moules est très-essentiel à connaître, d'abord pour que le plomb s'étende plus facilement ; en second lieu, pour que la toile ne s'enflamme pas. On connaîtra le degré de chaleur convenable en jetant un morceau de papier dans le plomb : il faudra que ce papier tienne le milieu entre s'enflammer et ne jaunir qu'un peu. La manière de verser le plomb sur le moule à deux bords est la même que pour le moule à sable ; mais pour le moule à un seul bord, comme le rable est différent, après que la toile est graissée, on pose ce râble au haut du moule ; avant d'y verser le plomb, on y met une carte pour lui servir de fond, et empêcher que la toile ne brûle pendant qu'on y verse le plomb pour faire la table, et qu'il y séjourne. Le plomb est arrêté d'un côté par le châssis du moule, et de l'autre par les rebords du râble. On est le moins de temps possible à le couler, deux ouvriers qui tiennent le manche de ce râble le font glisser d'un bout du moule à l'autre, jusqu'à la lingotière, qui est à l'extrémité du moule, dans laquelle ils font tomber le surplus du plomb nécessaire à ces sortes de tables. Ces tables servent aux petits ouvrages. Les plombiers se servent aussi du plomb laminé, qui est toujours plus uni que le plomb coulé sur table. Les lamineurs coulent en tables comme les plombiers, de l'épaisseur de 15 à 16 lignes, et les réduisent ensuite à l'épaisseur qui convient aux ouvrages, en les passant entre deux cylindres. La dépense d'un ouvrage fait de plomb laminé, avec celle d'un ouvrage de même étendue en plomb coulé, la différence offre d'un tiers de matière pour certains ouvrages, et de moitié pour d'autres. En employant du plomb laminé on épargne aussi sur la soudure, parce qu'au moyen de ce procédé on obtient des tables de 25 à 30 pieds de long sur 4 pieds de large, au lieu de 14 pieds qu'ont les tables coulées.

Le laminoir est mu soit par l'eau ou par des chevaux. Celui qui est établi à Paris, est mis en mouvement par quatre chevaux qui tournent dans un manége ;

étant attelés à l'extrémité des leviers, ces chevaux, en tournant, impriment un mouvement circulaire à l'arbre vertical, et par conséquent à la roue de champ ou rouet horizontal, puisqu'il est attaché à l'arbre. Ce rouet horizontal a soixante-dix-huit dents, engrène dans une lanterne verticale qui a trente-neuf fuseaux, et cette lanterne, étant fermement assujettie à l'arbre horizontal, lui imprime son mouvement, qui lui-même le communique à la lanterne et à l'hérisson, qui lui sont fermement assujettis à l'autre bout. Ainsi, l'hérisson et la lanterne, étant emportés, tournent dans le même sens que lui. Cet hérisson, qui a trente-une dents, engrène dans la lanterne qui a vingt-sept fuseaux.

Le verrou est une boîte de fer fondu portant deux pièces méplates ; ces deux pièces sont posées parallèlement aux deux faces opposées de la boîte, et forment des rayons qui sont entaillés à leur extrémité, et ces entailles servent de conducteurs aux verrous. Les extrémités de ces verrous entrent dans des rainures garnies de fer, et elles glissent jusqu'à ce qu'elles rencontrent les barres de fer, qui sont un peu en saillie sur le plan des plateaux des lanternes.

Les cylindres sont de fer fondu et tourné, et ont un pied de diamètre, afin de résister à la grande pression qu'ils doivent produire sans prendre aucune courbure ; en outre, les tables de plomb perdant de leur épaisseur en passant sous les cylindres, il faut être maître d'approcher ou d'éloigner l'un de l'autre les deux cylindres, d'une très-petite quantité, sans leur faire perdre toutefois le parallélisme qu'ils doivent avoir, cela au moyen d'un ajustement appelé régulateur.

Pour laminer, la table ayant été ébarbée et nettoyée du sable qui pouvait y être attaché, on la lève de terre avec la grue tournante, et on la porte sur les châssis du laminoir ; on présente une de ses extrémités entre les deux cylindres ; on abaisse, au moyen du régulateur, le cylindre sur la table de plomb autant qu'il convient de la faire mordre. Le verrou étant attaché à la lanterne, on fait marcher les chevaux, la table de plomb comprimée passe entre les deux cylindres ; quand la longueur de la table a passé entre les cylindres, on change le verrou pour l'attacher à la lanterne ; et, sans changer la position des cylindres, on la fait revenir d'où elle était partie.

On répète quelquefois cette opération deux cents fois, pour réduire la table à l'épaisseur qu'elle doit avoir. Pour rendre une table de plomb, déjà laminée, encore plus mince, on la place au laminoir, en la posant sur une table de plomb plus épaisse et déjà laminée, qui sert de support à celle qu'on veut amincir; alors il n'y a que celle de dessus qui se lamine, et on la rend par ce moyen aussi mince qu'une feuille de papier.

Les tuyaux sont ou fondus dans des moules ou roulés et soudés. Les premiers se coulent dans un moule formé de deux pièces nommées côtières. Ces côtières, rapprochées l'une de l'autre et fermement liées, forment le moule entier. Les parois intérieures du moule doivent faire l'extérieur des tuyaux; mais, pour qu'ils soient creux, il faut établir dedans un noyau cylindrique appelé boulon. On en fait aussi en cuivre pour les gros moules. Ces boulons doivent être plus longs que le moule, bien arrondis et méplats. Les ventouses sont destinées à donner issue à l'air qui augmente de volume et se raréfie par la chaleur du plomb fondu. Comme elles sont placées à la partie supérieure du moule, elles indiquent que le moule est plein quand on voit le plomb sortir par ces ventouses. Quand on se prépare à couler un tuyau, on tire le boulon du moule, et on ôte les pièces qui sont à ses deux bouts; on écarte l'une de l'autre les côtières; on essuie bien toutes ces pièces, et on les frotte de graisse; ensuite on remonte le moule, on met dans l'intérieur le boulon, et le moule est alors en état de recevoir le plomb fondu.

Quand le plomb a pris, le compagnon frappe avec son marteau les clavettes des brides à charnières, et les fait sortir. Il ouvre le moule, qui est fort chaud, avec la pointe de son marteau, qu'il fait entrer dans les jointures; il sépare ainsi les deux côtières, qui tombent des deux côtés sur leurs brides à charnières; le tuyau enveloppe le boulon dont il faut le dégager. Un ouvrier, à cet effet, prend la branche du moulinet et le fait tourner dedans, afin de tirer à lui le boulon, tandis qu'un autre ouvrier tire le tuyau en sens contraire. On jettera les rejets dans la chaudière à mesure qu'on les coupera, ainsi que le plomb qui est autour du moule. La longueur des tuyaux ordinaires, que l'on fait dans les moules, est de 13 pieds. Quand ils ont cette longueur, il faut les retirer de dessus le madrier, afin de faire place à d'autres.

Les tuyaux d'un pouce ou de 6 pouces se font de la même manière, la différence seule existe dans le moule.

Les plombiers emploient ordinairement un jour entier à la fonte de leurs tuyaux, ils en fondent jusqu'à 30 dans un jour; le même jour est également consacré à la fonte des tables.

Les tuyaux soudés s'emploient soit pour les pompes, soit pour les principales conduites des fontaines, soit pour la décharge des eaux des pavillons. Ces tuyaux, pour être ainsi façonnés exigent différentes préparations : il faut d'abord prendre une table d'environ 4 pieds de large sur 16 pieds de long, le moule, qui a servi à couler les tables sur sable, est très-propre à cette opération ; on coupera les laises ou bandes qui doivent faire les tuyaux. Ainsi, si l'on veut faire un tuyau de 3 pouces de diamètre dans toute sa longueur, on prend 10 pouces sur la largeur de la table tant d'un côté que de l'autre. On pose la règle sur les deux points que l'on a tracés; ensuite, avec le *tire-ligne*, on fait sur la table de plomb un trait le plus profond qu'on peut, et on finit de séparer la table par le moyen du couteau et de la batte ronde. Si l'on voulait un tuyau de 3 pouces par le haut, et de 2 pouces seulement de l'autre bout, on ne prendrait que 8 pouces de ce côté-là.

Pour rouler les tuyaux il faut avoir des battes plates. Lorsqu'on aura coupé ce qu'il faut pour faire le tuyau, on tirera sur le bord de la table cette bande de plomb qui est destinée à être roulée ; on appuie une main dessus afin de la tenir plus ferme, de l'autre on prend la batte plate, et on en frappe les rebords par dessous de bas en haut pour en relever les bords ; on en fait autant du côté opposé, en retournant la plaque de plomb que l'on frappe jusqu'à ce qu'elle soit arrondie, et que ses côtés soient si bien appliqués l'un contre l'autre, et si bien joints, qu'on ne puisse y passer la lame d'un couteau ; après que le tuyau est arrondi, il faut l'écailler ou aviver aux endroits où l'on veut que la soudure prenne, parce que la surface du plomb se salit aisément, et est toujours enveloppée d'une crasse qui fait tomber la soudure, et l'empêche de s'attacher au plomb. Il faut au contraire salir les endroits où l'on ne veut pas que la soudure s'attache, et où elle serait inutile.

Avant tout il faut poser le tuyau sur plusieurs petits chevalets qui l'embrassent par dessous; on a ensuite de la terre grasse détrempée dans l'eau, et dont on frotte le pourtour du tuyau, afin que la soudure se détache aisément des endroits où elle est inutile. Pendant que l'on dispose les tuyaux à être soudés, d'autres préparent la soudure, qui est un alliage d'étain et de plomb; cet alliage se compose de deux tiers de plomb, et un tiers d'étain.

Pour souder il faut avoir un fer et de la poix-résine. Le fer à souder est un barreau de fer qui en forme le manche, et au bout duquel est un morceau de fer en forme de cône. Quand le fer est chaud, on enveloppe le manche de deux morceaux de bois creusés en gouttières : les fers à souder ont environ un pied de longueur. Pendant que le fer chauffe, on fait un nœud de soudure à chaque bout de tuyau, afin que la grande quantité de soudure qu'on est obligé d'y verser pour la faire prendre, ne le fasse pas entr'ouvrir; quand ces nœuds auront pris, prenant de la soudure fondue dans une cuillère, on en versera d'un bout à l'autre, on prendra ensuite le fer avec la poignée, et on l'appliquera sur la soudure versée sur le tuyau, en le frottant avec de la peix - résine, pour qu'il ne s'étame pas et coule mieux sur la soudure, qui ne ne doit rester attachée au tuyau que dans la quantité qu'il en faut. Quand le tuyau est une fois soudé, on arrache la soudure inutile.

La cuvette est composée de trois pièces.

Pour former la cuvette à hotte, il faut figurer un dossier, un devant et une crapaudine. Le dossier est la pièce de plomb qui est appliquée contre la muraille ; le devant est ce qui forme la hotte ; enfin, la crapaudine est une pièce de plomb percée à jour, qui est placée et soudée dans l'intérieur de la cuvette pour empêcher les ordures qu'on y jette de passer dans le tuyau.

Pour établir ces cuvettes, il faut d'abord mettre le morceau de plomb dont on veut se servir sur une table, et en ôter les laises ou bavures ; ensuite, avec le compas on trace et on coupe le dossier ; on a soin de mettre en dedans de la cuvette le côté du dossier le plus propre, parce que c'est à cet endroit qu'il est le plus visible. Pour donner au devant de la cuvette la

forme qu'il doit avoir, il faut avoir un bour-
seau, et, avec cet instrument, on commence à faire le bourrelet du devant de
la cuvette. Pour cet effet, on doit l'appliquer sur une table et rebrousser ses
bords en dedans ; on forme ainsi un bourrelet ; on arrondit ensuite le corps du devant de la cuvette en frappant en dedans,
puis en dehors, le plus régulièrement qu'il est
possible. Pour souder la cuvette, on salira
d'abord les bords du devant et ensuite on
l'écaillera dans sa longueur pour faire prendre la soudure. Quand cette opération est
faite, on joint le devant de la cuvette avec
le dossier, et on les attache ensemble
avec les oreilles. Lorsque le devant de la
cuvette est sali, écaillé et attaché à son
dossier, on la tourne sur le côté ; un ouvrier verse dans leur jointure de la soudure
qui coule d'un bout à l'autre : il faut commencer par le milieu. Quand la première
soudure a pris, on redouble la dose, on
la frotte ensuite de poix résine, et on y
applique le fer à souder, afin qu'il serve
lui-même à réchauffer le plomb et à faire
couler la soudure inutile.

La crapaudine se met dans le fond de
la cuvette, environ trois pouces au-dessus du nœud de soudure : il faut mesurer

la grandeur qu'a, à cet endroit, la cuvette à laquelle on veut la mettre. On coupera un morceau de plomb qui doit avoir la forme d'un demi-cercle en dedans, environ à un pouce de son bord, parce que ce rebord est nécessaire pour la soudure. Il faut avoir ensuite un emporte-pièce pour former les trous. Quand cette crapaudine est faite, on la pose dans la cuvette.

Les cuvettes rondes sont faites comme les cuvettes à hotte, de trois pièces rapportées ; les cuvettes carrées ne diffèrent que dans la manière de les couper. Leur fond ainsi que leur pourtour sont carrés ; on les soude en dedans. Il faut leur attacher également un tuyau pour que les eaux puissent s'évacuer. Pour cet effet, on prend la mesure du tuyau qu'on veut leur joindre ; on coupe, d'après cette grosseur, une plaque de plomb dans le fond de la cuvette, et on la met à jour avec l'emporte-pièce, et on la ressoudera.

La construction des chénaux exige un certain soin. On prend d'abord, sur le bâtiment, la longueur, la largeur et la profondeur qu'ils doivent avoir. D'après ces mesures, on coupe les tables de largeur, et on prend une longueur proportionnée à l'étendue de l'ouvrage.

L'assise des chénaux doit être faite d'abord ou en plâtre ou en charpente, et avoir une largeur et une pente convenables. Le plombier commence à faire un bourrelet à la partie qui est opposée au mur.

Pour que le plomb ne se déforme pas, on pose le chénau sur des crochets de fer qui ont environ un pied de longueur, et on les attache, à un pied de distance, à la sablière qui repose sur l'assise ; le bord postérieur du chénau se cloue sur la sablière. Comme on ne peut faire une longue suite de chéneux avec la même table de plomb, on en soude les uns au bout des autres, autant qu'il en faut pour faire toute la longueur.

Quand, deux toits étant opposés l'un à l'autre, les deux égouts se rendent à un même endroit, il faut placer à cet endroit un canal de plomb qui en reçoive les différentes eaux pour les porter au bout des toits, c'est ce qu'on appelle gouttières.

On appelle noue l'union des deux toits qui se jettent l'un sur l'autre. Les couvreurs les font en tuiles ou en ardoises ; mais celles en plomb sont sans contredit préférables. Pour les faire, on pose une gouttière de bois pour soutenir celle de plomb qui s'attache sur la gouttière de bois qui est creusée dans une petite poutre, le couvreur doit faire deux petits égouts qui rendent l'eau des deux toits dans la noue de plomb d'où l'eau se rend dans un chénau.

Dans les bâtimens couverts en tuiles, le faîtage se couvre avec des tuiles creuses, appelées faîtières ; mais dans ceux couverts en ardoises, il est plus convenable de couvrir le faîtage en plomb. Après qu'on a attaché avec des clous au faîte de charpente des crochets doubles, on pose la table de plomb pliée, de telle sorte qu'elle recouvre de quatre, cinq ou six pouces le rang d'ardoises le plus élevé. Comme une table de plomb ne peut pas être assez longue pour s'étendre de toute la longueur du toit, on en attache plusieurs les unes au bout des autres.

Les arêtiers couverts en ardoises étant plus sujets à être endommagés par le vent, il est bon de les former avec une table de plomb qui recouvre les ardoises.

Aux pannes de brisis des toits en mansarde, on se contente ordinairement de faire un petit égout en ardoise ; mais il est mieux de mettre, sous ce petit égout en ardoises, une petite table de plomb qu'on cloue sur la panne de brisis, et qui est recouverte par l'égout d'ardoises. Comme cette table de plomb est légère et étroite, on peut se dispenser de la retenir par des crochets.

Pour éviter des échafaudages qui exigeraient des frais considérables, les plombiers et couvreurs font usage de la corde nouée. C'est un gros câble où l'on fait de six pouces en six pouces un gros nœud; on en passe un bout dans le bâtiment et on l'attache à quelque chose de solide. Pour se servir de cette corde nouée, l'ouvrier ajuste à chacune de ses jambes un étrier : c'est une forte courroie à laquelle est ajustée à son extrémité un fort crochet de fer ; l'ouvrier passe son pied dans l'étrier, il attache la courroie à ses jambes en passant le bout des jarretières dans les boucles. Quand les étriers sont ainsi fermement attachés à ses jambes, il passe les crochets dans une ceinture de cuir qu'il a autour du corps, pour pouvoir marcher sans être incommodé par le bout des étriers. Quand il veut monter à la corde nouée, il détache un des crochets de sa ceinture, il passe la corde au-dessus d'un nœud dans le crochet, et le nœud l'empêchant de descendre, il porte tout son corps sur cet étrier. Si c'est celui de la jambe droite, il passe le crochet de la jambe gauche au-dessus du nœud plus élevé, et, portant tout son corps sur l'étrier gauche, il détache le crochet de l'étrier droit pour le placer plus haut; et, répétant cette opération, il s'élève au moyen de la corde nouée comme s'il montait à une échelle. Cependant il faut qu'il tienne toujours la corde au-dessus des crochets avec une de ses mains, sans quoi il courrait risque de se renverser en arrière ou vers un des côtés. Si l'ouvrier a besoin de s'arrêter à un endroit où il doit travailler, il s'assied sur la sellette.

Cette sellette est formée d'une planche légère de deux pieds de largeur et de deux courroies qu'on tient d'une longueur égale au moyen de deux boucles. Ces courroies, qui au moyen de ces boucles sont comme une chaîne sans fin, passent sous la planchette et par l'œil du crochet, qui sert comme les crochets des étriers pour attacher cette espèce de siége à la corde nouée.

Les tuyaux de descente d'eau, qui autrefois s'établissaient en grande partie en plomb, s'établissent aujourd'hui en fonte, comme étant beaucoup moins dispendieux.

Avant de poser aucun tuyau on doit savoir la quantité de pieds qu'il y a du haut du mur à son pied. On ne doit pas conduire ces tuyaux tout-à-fait au haut du mur ; il faut laisser environ quatre pieds, parce que, comme ces tuyaux répondent ordinairement à des chénaux qui ont des bouts de tuyau d'environ cinq pieds, aux endroits qui doivent donner passage à l'eau, on les emboîte ensemble.

Les cuvettes se posent d'étage en étage, dessous ou du moins à la portée de chaque fenêtre. Quand on a conduit ses tuyaux de descente au bas de la fenêtre où la cuvette doit être posée, on la descend par la fenêtre supérieure. L'ouvrier, qui est porté sur la corde nouée, la prend et l'emboîte dans le tuyau de dessous, ensuite il replie le haut du dossier de la cuvette sur le bois de la fenêtre auquel il la cloue. On lui descend un autre tuyau qu'il reçoit et qu'il attache également avec des colliers. Il tâche que la bouche de tous les tuyaux qu'il pose en dessous des cuvettes pour y faire le dégorgement des eaux qu'ils recevront, réponde toujours à un des coins de la cuvette, afin qu'ils embarrassent moins.

On fait de même à l'égard des cuvettes

angulaires, excepté qu'on attache leurs dossiers dans l'angle des murs auxquels elles sont destinées.

Il peut arriver qu'on ait posé les tuyaux de descente sans y mettre de cuvettes, n'en ayant pas besoin, et que dans la suite les propriétaires veuillent en faire mettre. Dans ce cas, il faut desceller les tuyaux et les déboîter à l'endroit où l'on veut mettre la cuvette, ensuite on l'y pose comme on l'a déjà dit. S'il n'y avait pas d'emboîtement près de ce tuyau, il faudrait déboîter plus bas, rapporter un demi-bout ou un quart de bout, et placer un embranchement. On dresse ensuite le tuyau supérieur que l'on a déjointé pour poser la cuvette, toujours par le moyen de la corde nouée. On le met à un des coins de la cuvette, en dedans, de telle manière qu'il y rende ses eaux, et que de là elles puissent couler en bas sans être interrompues.

Les plombiers, pour dégorger un tuyau, commencent par s'assurer où il est engorgé, en y jetant de l'eau. Lorsque ce tuyau est petit, et qu'il n'est engorgé que par quelques ordures faciles à faire descendre, on prend le jonc ; c'est une espèce de sonde dont les plombiers se servent pour les petits engorgemens ; elle a environ 12 pieds de long : on nomme le bois dont elle est, jé ou rotin ; cette sonde est tortillée comme un serpent, on la fait entrer dans le tuyau en la détordant, jusqu'à ce qu'on ait rencontré ce qui fait l'engorgement.

Si le tuyau était gros et extrêmement engorgé, et que cette première sonde ne fût pas suffisante, il faudrait en employer une plus forte ; dans ce cas, on emploie un morceau de plomb, long pour qu'il soit pesant, et menu pour qu'il entre dans le tuyau : il est attaché à une corde, on le fait entrer par le haut du tuyau, et, le laissant tomber avec vitesse, il emporte les ordures qui forment l'engorgement ; pour cela on le relève et on le fait tomber à plusieurs reprises. Si cette sonde de plomb ne pouvait détruire l'engorgement, on pourrait en employer une qui, au bas du plomb, aurait un morceau de fer carré pointu et acéré, qui déborderait le plomb de 6 pouces, cette pointe pourrait briser des plâtras que le plomb ne ferait qu'entasser. Si l'engorgement était peu éloigné du bout d'en haut du tuyau, on pourrait le détruire avec un barreau de fer terminé en

pointe carrée, qu'on ferait agir comme
un pilon.

Enfin, si l'engorgement était formé
par une pierre fort dure, et qu'aucun
des moyens que nous venons de citer ne
pût réussir, il faudrait s'assurer précisé-
ment du lieu de l'engorgement pour
crever le tuyau, retirer ce qui fait l'em-
barras et réparer le tuyau par une pièce
de plomb que l'on souderait, ou bien
changer le tuyau s'il était par trop en-
dommagé.

Si l'on voulait couvrir le comble d'une
église en plomb, le plombier ne pourrait exécuter ce travail qu'après que la
charpente serait finie. Il faut d'abord
placer les chevrons bien de niveau, et
les attacher de 12 pouces en 12 pouces;
il faut qu'ils soient chevillés sur les pannes qui doivent les porter; ensuite on
cloue sur les chevrons des voliges de 4
à 5 pouces de large, espacées d'un pouce
et demi ou 2 pouces. Ce travail préli-
minaire étant fait, le plombier doit alors
disposer ses tables et les attacher; les
tables étant disposées et arrivées au haut
de l'édifice, un ouvrier doit commencer
par clouer sur les voliges des crochets
au droit de chaque chevron, à un pied

de distance les uns des autres. Ces crochets doivent avoir une longueur proportionnée à la largeur des tables ; ils sont aplatis par une de leurs extrémités, où il y a trois trous pour recevoir les clous ; le bas forme un crochet d'environ un pouce pour recevoir chaque table et l'empêcher de tomber.

Autrefois on ne faisait que clouer les tables ; mais il est arrivé souvent que les tables se sont déchirées par leur pesanteur, à l'endroit où elles étaient clouées, et sont tombées ; on a paré à cet inconvénient par le crochet du bas dont nous avons parlé. On commence toujours par les attacher de bas en haut, et non de haut en bas, on pose de même les tables ; quand il y aura plusieurs crochets d'attachés, deux ouvriers apporteront une table pour l'y placer. Les plombiers et les couvreurs se servant à cet effet d'une échelle attachée à des coussins ou fascines de paille pour la soulever un peu, et faire en sorte qu'elle ne soit pas immédiatement appliquée à la couverture, qu'il y ait au contraire un vide de 8 pouces au moins ; c'est afin que les ouvriers aient plus d'appui, et qu'ils montent et descendent plus aisément ; ils montent par cette échelle, et pesent la table sur les crochets qui sont destinés à la recevoir. Il faut en outre clouer chaque table au droit des chevrons, en sorte que le clou traverse la table, la volige et le chevron. Outre les clous qui la retiennent par en haut, elle est retenue par les crochets qui débordent et empêchent qu'elle ne puisse tomber. Ce n'est point assez que les tables soient en recouvrement les unes sur les autres, pour empêcher que la pluie ne puisse s'introduire jusqu'à la charpente, car elle pourrait entrer par les côtés ; pour y remédier on a soin de replier les bords de chaque table dans leur hauteur à chaque bout, l'une en dessus, l'autre en dessous, et pour mieux les joindre on les fait entrer l'une dans l'autre ; on ferme par-là tout passage à l'eau, et on empêche qu'elle ne puisse pénétrer jusqu'à la charpente qu'elle pourirait.

On entend par faîtage un cordon de plomb posé sur l'angle de l'élévation du comble, qui embrasse les tables des deux faces du toit ; le même cordon qui règne dans les angles du comble change de nom et s'appelle arêtier ; ils sont d'une si grande nécessité, qu'on est toujours dans l'usage d'en mettre même sur les combles couverts simplement en ardoise. Pour la couverture des clochers, il faut d'abord échafauder, et ce avec la plus grande solidité. On commence par faire passer par les fenêtres du clocher, les poutres qui doivent porter l'échafaud; on les lie avec des cordes pour les rendre plus solides; ensuite on attache des planches tout autour du clocher, qui forment autour de lui un plancher circulaire, par le moyen duquel on a la facilité de travailler à la couverture.

Ensuite, pour poser les tables, on attache d'abord des crochets à la même distance qu'il a été dit, tout autour du bois de la charpente du clocher, qui forme un auvent circulaire ou carré, suivant la construction des clochers. On pose sur ces crochets les premières tables qui doivent être le commencement de la couverture du clocher. Quand cette première opération est faite, si on ne veut point couvrir le clocher tout entier en plomb, mais seulement ce qui est le plus nécessaire, comme sont les arêtiers, le couvreur en ardoise en garnira d'abord le milieu; le plombier attachera ensuite les crochets à chaque côté des quatre coins du clocher, et y posera ses tables de façon qu'elles recouvrent les ardoises et les soutiennent; il couvrira le bois des fenêtres, en étendant simplement ses tables dans toute leur largeur, et les clouant sur la charpente.

Lorsqu'on veut, au contraire, que tout le clocher soit couvert en plomb et non pas en ardoises, alors on prend de petites plaques de plomb de la grandeur à peu près des ardoises, auxquelles on donne toute espèce de forme. On en fait de rondes d'un bout et pointues de l'autre ; les autres sont carrées d'un côté et coupées en cœur de l'autre ; les autres sont carrées simplement : On en attache d'abord un rang aux premières voliges, au-dessus des tables de plomb dont on a parlé plus haut : on continue ainsi. On se contente de les attacher avec des clous qui suffisent, parce qu'ils ne soutiennent pas de grands poids ; on les pose l'une sur l'autre, le second rang couvrant toujours une partie du premier.

Pour échafauder les flèches, on fait un second échafaud sur le premier dont on a parlé ; pour cela on commence par y poser des montans, soutenus d'un bout par de petites solives faites en forme de potences renversées et chevillées dans leurs pieds ; on les attache en haut à des traverses par le moyen de plusieurs cordes : on les arrête ainsi, afin qu'elles n'aillent pas de côté et d'autre, et on les planchèie par le haut. On fait ce second échafaud à côté d'un œil de bœuf, afin de pouvoir y monter commodément, ou l'on y fait une trappe pour pouvoir y placer l'échelle.

Comme la flèche est plus délicate que le reste, on coupe des plaques de plomb plus minces et plus petites que celles qu'on emploie aux pleins toits. Il y a des flèches qui sont rondes, d'autres carrées ; on couvre celles qui sont rondes en attachant tout autour des lames de plomb qui réparent tous les accidens, en recouvrant la moitié du premier rang par le second rang. C'est ce recouvrement que les couvreurs nomment pureau, et on continue de même jusqu'au haut de la flèche. Mais aux flèches rondes et tourelles dont le toit est conique, il est bon que les plaques de plomb soient un peu plus larges par en bas que par en haut. Pour celles qui sont carrées, on commence par garnir le milieu des quatre faces jusqu'au haut de la flèche; on couvre ensuite les côtés avec des bandes de plomb qui sont soutenues par des crochets qui embrassent les lames de plomb des deux surfaces. On peut couvrir les flèches carrées ou à pans avec des bandes de plomb qui s'étendent de toute la hauteur de la flèche; mais on les tient plus larges par en bas, suivant la diminution de grosseur de la flèche. On les replie environ d'un pouce l'une sur l'autre, et on les cloue ensemble aux quatre coins quand la flèche est carrée; quand elle est ronde on les soude en trois ou six endroits différens, selon le diamètre plus ou moins grand de la flèche.

Soit qu'elle soit couverte en ardoises simples ou en ardoises de plomb, il faut lui faire une calotte de plomb qu'on met au haut de la flèche, pour emboîter et couvrir l'extrémité du dernier rang des ardoises, et les bandes de plomb qui couvrent les quatre coins de la flèche.

Pour les pavillons, lorsque la charpente est achevée, on les couvre assez ordinairement en tuiles ou en ardoises; il ne reste plus au plombier qu'à revêtir les arêtiers, les faîtières, les noues s'il y en a. Mais lorsque l'on veut que la couverture soit toute entière en plomb, les plombiers taillent des feuilles de plomb pour mettre à la place des tuiles ou des ardoises. Les plombiers font ordinairement leurs ardoises carrées par un bout et arrondies par l'autre, pour que ces lames de plomb imitent l'arrangement des écailles de poisson. On les attache avec des clous ordinaires sur les voliges; en commençant toujours par le bas, et continuant ainsi de rang en rang jusqu'à ce qu'on soit parvenu au faîte. On couvre les quatre côtés du pavillon successivement.

Les ardoises du premier rang, qui doivent former l'égout, doivent être plus larges que celles du second rang; ainsi de suite, soit qu'il y ait un chénau autour de l'entablement, ou qu'il n'y en ait pas. Il est nécessaire de peu de combinaison pour donner aux ardoises, à mesure que l'ouvrier monte de rang en rang, d'autant plus de pureau et de recouvrement, et par conséquent d'autant plus de largeur et de hauteur qu'elles sont dans le cas de recevoir d'eau et d'être agitées par les vents.

De temps à autre on frappe sur les ardoises que l'on a posées, pour qu'elles portent exactement l'une sur l'autre, et que le vent ne puisse point les relever, ni faire remonter les eaux par dessous. Quand on aura couvert les quatre faces du pavillon, on couvrira les arêtiers avec des tables de plomb qui doivent joindre immédiatement chaque côté des quatre arêtiers ; mais les plombiers préfèrent les couvrir avec des lames de plomb auxquelles ils donnent la forme de faîtières de terre. On les pose comme les ardoises, les unes sur les au-autres, commençant par l'égout et finissant par l'aiguille de la charpente. Mais pour que ces faîtières soient solidement attachées, non-seulement il faut les clouer, mais il faut encore qu'elles soient posées sur des crochets qu'on cloue sur les chevrons les plus voisins de l'arêtier. Ces crochets sont nécessaires pour éviter autant que possible la soudure. Le toit du pavillon étant couvert, on couvre les aiguilles en amortissement.

Les tourelles sont des bâtimens ronds, dont la base est quelquefois plus large que le corps de la tourelle.

La charpente est la même que celle des clochers ou des pavillons ; le couvrement s'en fait de même, excepté qu'il n'y a point d'arêtiers.

Pour les dômes, quand la charpente en est faite, ainsi que les échafauds qui doivent être solides, le travail du plombier se réduit à couvrir de plomb la charpente couverte elle-même de voliges, et produisant une calotte qui fixe la forme que la couverture du dôme doit avoir.

Pour garnir l'entre-deux de ces arêtes, on commence à l'ordinaire par le pied, et on pose les feuilles de plomb taillées en ardoise, en les attachant sur la volige avec des clous, ensuite on couvre les côtes ou arêtes.

On pourrait couvrir les côtes comme les entre-deux, avec des lames taillées comme des ardoises; mais il est plus convenable de couvrir ces côtes avec des tables de plomb, dont on proportionne la largeur et la longueur à celle des côtes. On les replie des deux côtés, de façon qu'elles recouvrent un peu les parties qui sont couvertes en ardoises de plomb, et on les arrête avec des clous.

Quand les côtes et les champs qui sont entre-deux sont garnis de plomb, on termine le haut du dôme par une calotte, à laquelle on donne différentes formes; mais il faut que le bas de ces calottes recouvre, tant les côtes ou arêtes, que les parties de couverture qui sont entre deux. Les uns les font en parties toutes unies, et les autres les forment en festons. Ces festons sont formés de beaucoup de pièces qu'on cloue les unes à côté des autres. On couvre ensuite la partie festonnée par des bandes de plomb qu'on pose horizontalement, formant un recouvrement sur les festons, et ces bandes horizontales forment un bandeau qu'on arrête avec des clous et des crochets. On remplit les espaces avec des feuillets de plomb qu'on taille comme des écailles de poisson, et on décore, si l'on veut, le champ par des coupures qui forment comme des espèces de guirlandes. La plateforme, qui forme comme une espèce de terrasse, doit être en plomb. On laisse seulement une ouverture au milieu pour qu'un ouvrier puisse y passer quand il faut faire quelques réparations, et arriver aux fenêtres du dôme pour en couvrir le dedans avec des bandes de plomb que l'on doit assujettir avec des clous.

Pour revêtir de plomb la partie carrée, ils forment de plusieurs pièces une table de plomb carrément en dehors et évidée au centre par le dedans; ensuite ils la clouent à la charpente. On peut décorer les espèces de pilastres de quelques ornemens; pour cela on forme, avec des bandes de plomb contournées, des consoles qu'on attache à différens endroits avec des clous, ou bien des feuilles découpées ou fendues ; on pose dessus des bandes horizontales qui doivent former des moulures qui, bien que n'étant pas régulières, forment un assez bon effet étant vues de loin.

C'est sur cette espèce de corniche que l'on pose une calotte qui doit retomber sur elle en recouvrement ; elle est de plusieurs pièces et attachée à la charpente avec des clous dans toute l'étendue de sa circonférence.

Avant de mettre en place cette calotte, on cloue à la charpente de la coupole une ferrure d'amortissement pour porter le globe. Ces parties d'amortissement peuvent être faites en plomb, mais communément on les fait en cuivre. Il faut avoir attention que le globe joigne bien exactement la barre d'amortissement pour que l'eau ne puisse pas s'introduire par cet endroit et pourrir la charpente : on met ordinairement pour cela une petite plaque de plomb qui joint bien exactement la barre et qui recouvre le haut du globe.

On appelle œil-de-bœuf une ouverture ronde qu'on forme dans les toits de clochers, dans celui des dômes. Pour faire un ouvrage propre, après que la charpente en est construite, on les revêtit de petites feuilles de plomb taillées en ardoises, dont la forme ressemble à celle des écailles de poisson. On coupe ensuite une plaque de plomb de la rondeur de la charpente, que l'on couvre dans le milieu pour former l'œil-de-bœuf. Ce morceau de plomb est ordinairement d'une seule pièce ; quand l'œil-de-bœuf est un peu grand, il est de deux pièces.

Soit qu'elle soit d'une pièce ou de deux, le contour doit avoir au moins huit pouces de large, afin qu'on puisse la rabattre en dedans sur la charpente, en dehors sur les ardoises, et la clouer aux deux endroits pour l'y assujettir plus solidement. On garnit le dedans en plâtre pour égaliser le plomb avec la charpente. Quand le devant de l'œil-de-bœuf est couvert, on garnit le haut et tout le reste de la moulure de charpente en petites bandes de plomb. Mais il est une manière beaucoup plus simple de les couvrir. Les œils-de-bœuf ordinaires se couvrent par une ou deux plaques de plomb, que l'on cloue d'un côté dans l'intérieur de la charpente qui forme le jour de l'œil-de-bœuf, et de l'autre sur le dos de la même charpente, les faisant rebor- der, c'est-à-dire tomber en recouvrement de quatre pouces sur les ardoises du toit.

Il existe trois espèces de lucarnes, savoir : celles qu'on nomme flamandes, celles dites à la capucine, et d'autres appelées demoiselles. La plupart sont couvertes en tuiles ou en ardoises, peu sont faites entièrement en plomb. Quelquefois, cependant, pour conserver les bois, on les couvre de tables de plomb qu'on cloue dessus ; mais, à la plupart de celles qui sont couvertes en ardoises, on se contente de mettre en dessus et sur le devant une table de plomb pour former un rivet, de couvrir le faîte avec une table de plomb et de faire sur les cotés des noues en plomb.

On forme encore sur les toits quantité de petites ouvertures auxquelles on donne différentes formes, ce sont des diminutifs de lucarnes ; celles qui sont un peu grandes sont préparées par les charpentiers ; et, en ce cas, le plombier fait prendre à coups de batte, aux tables de plomb qu'il a coupées de grandeur égale, la forme qu'a la charpente elle-même. Lorsqu'elles sont fort petites, elles sont entièrement faites par le plombier.

On appelle encore lunettes de petites ouvertures qu'on fait aux toits d'ardoise pour passer la corde nouée lorsqu'il faut faire des réparations. On les attache sur une traverse qui s'étend d'un chevron à l'autre. Les terrasses sont aussi du ressort du plombier. Soit qu'elles soient recouvertes en plomb ou en dalles de pierre, on doit observer d'en élever le milieu de quelques pouces, afin de donner de la pente aux eaux du ciel. La manière dont il faut s'y prendre pour couvrir en plomb, consiste d'abord à couper ses tables que l'on assied horizontalement l'une contre l'autre. Comme on ne peut point se servir de soudure dans les toits, il faut les replier dans leur longueur d'environ deux pouces de chaque côté.

De deux tables qui doivent être jointes ensemble, l'une doit être pliée en dessous et l'autre en dessus. On cloue à la charpente ces rebords, et on les aplatit le plus qu'on peut, afin que cette petite élévation soit presque insensible à ceux qui peuvent aller s'y promener.

On ne fait point de replis aux tables dans leur largeur, on ne fait que les mettre les unes sur les autres en recouvrement d'environ deux pouces, c'est-à-dire qu'on commence à poser d'abord ses tables dans le bas de la pente, et qu'on met ensuite les secondes sur les premières, ainsi de suite, pour que l'eau du ciel n'ait point d'obstacle en son chemin, et coule aisément jusqu'à la petite élévation qu'on doit faire dans le milieu des terrasses, si cela est possible, ou dans un des angles. On les cloue ensuite en plaçant les clous à l'endroit de ce petit recouvrement, de telle manière qu'ils mordent l'extrémité des deux tables. On peut également couvrir les balcons. Les plates-formes sont rarement couvertes entièrement en plomb; on couvre simplement en plomb chaque joint des pierres qui y sont employées.

On appelle blanchir la couverture, revêtir d'une croûte d'étain le plomb qui y est employé. Avant de songer à blanchir soit les tables, soit les ardoises et amortissemens qu'on emploie dans les couvertures, il faut préparer l'étain pour ces sortes d'ouvrages. Il n'entre aucun alliage dans l'étain que l'on emploie au blanchîment ni à l'étamage des tables et ardoises de plomb destinées à la couverture des églises, dômes, clochers, pavillons, etc.; tout ce qu'on y fait, c'est de le mettre en fusion, et de le diviser par petites lames ou éclats, afin de n'avoir plus qu'à le jeter sur le plomb qu'on veut étamer. Pour retirer l'étain des tables qui ont été blanchies avec ce métal, il faut commencer par dérouler une partie de ces tables. On supporte une partie de la table sur des trétaux ; on met sous cette table un fourneau avec de la braise allumée, en ménageant bien la chaleur pour ne point faire fondre le plomb : il devient assez chaud pour faire fondre l'étain dont il est couvert, au point qu'en faisant à la partie la plus basse une petite gouttière, l'étain s'y rend et on le reçoit dans une cuillère.

Pour les réservoirs, avant que le plombier puisse faire son travail, il faut que le charpentier aie préparé sa charpente ; cette charpente, sur laquelle est assis le réservoir en plomb, doit être faite de plusieurs traverses en haut et en bas, qui seront soutenues par des montans, afin de recevoir d'eux la hauteur convenable pour donner au réservoir la profondeur qu'il doit avoir. Pour rendre cette charpente plus solide, on met des traverses en forme de croix de Saint-André, qu'on enmortaise dans les montans : on attache en outre aux quatre coins de la charpente des bandes de fer en haut et en bas. Il faut que cette charpente soit planchéiée en dedans avant que d'y mettre les tables de plomb qui, sans cet appui, pourraient céder au poids du volume d'eau qui entre ordinairement dans ces espèces de réservoirs, et causer un grand dommage. Il ne faut laisser que trois trous, un pour le trop plein, l'autre pour la distribution, et le troisième pour donner passage aux eaux, quand on voudra vider le réservoir pour le nettoyer.

La caisse du réservoir doit être portée sur six piliers de charpente, ou d'un plus grand nombre, si le réservoir le demande ; ils doivent être à la hauteur qu'il convient, et assis sur autant de pieds de maçonnerie.

La charpente ainsi disposée, le plombier mesure la longueur et la largeur que doivent avoir ses tables. On posera d'abord les tables du fond du réservoir, ensuite celles des coins ; on finira par celles du pourtour. Il ne faut pas oublier dans cet ouvrage, ainsi que dans tous les autres, de tourner en dehors chaque table du côté le plus propre, et de cacher le côté du sable en l'appliquant au dos de la charpente ; ensuite on les soude ; comme il serait impossible de souder des tables mobiles, on commence par tenir les deux premières tables qu'il faut souder, en les appuyant contre la charpente avec la batte platte, après les avoir ajointées l'une contre l'autre ; ensuite on les écaille avec le marteau et le ciseau d'un bout à l'autre, à l'endroit où elles se joignent. On commence par souder les côtés. Cette opération est difficile, en ce qu'il faut retenir en l'air la soudure pour qu'elle ait le temps de prendre. Pour cet effet l'on a une artelle ou gouttière, c'est un morceau de bois de chêne rond et concave ; on appliquera cette artelle ou gouttière au haut de la jointure de chaque table ; on y versera de la soudure. Elle se répandra sur le plomb à travers la concavité de l'artelle, qui la dirigera à l'endroit où l'on veut qu'elle prenne. Pour ralentir sa chute, et la faire séjourner plus long-temps aux endroits où il faut qu'elle s'attache, on la recevra avec un morceau de coutil. Quand elle sera écaillée, on la frottera avec de la poix résine, et on y passera le fer à souder, après l'avoir fait rougir pour écarter la soudure, l'amincir et la polir.

La manière de souder les coins des réservoirs en général, est un peu différente que celle des autres parties ; en soudant les coins de chaque réservoir, on fera en sorte qu'il s'y attache plus de soudure ; on la versera également à travers l'artelle ou gouttière, et on la relèvera de même par

le moyen du coutil ; mais on ne se servira
pas du même fer à souder, il faut en avoir
un dont la tête soit plus large que le premier, et qui soit faite en cul de poire. On
le fera rougir comme le premier, et on le
passera sur la soudure, après qu'on l'aura
versée et frottée de poix résine, pour
empêcher que ce fer à souder ne s'étame.
Comme sa tête est fort large, il laissera
environ trois pouces d'épaisseur de soudure dans l'angle de chaque coin du réservoir ; cette quantité de soudure se trouvant dans les endroits où le réservoir a le
plus de poids à soutenir, et où il serait le
plus faible sans elle, le consolidera. On fera
la même chose aux quatre coins du réservoir.

Après avoir soudé les côtés et les coins
du réservoir, on soudera le milieu ; cette
opération n'est pas si difficile que la première. Quand tout le réservoir en plomb
sera soudé, il faudra en détacher la soudure inutile. On fera ensuite à la table de
plomb une ouverture semblable à celle de
la charpente ; pour donner passage aux
eaux, et afin d'empêcher que l'eau qui
coulera dans le réservoir ne s'échappe, on
fermera cette ouverture par une soupape
à boucle. La soupape dont les plombiers

se servent est ordinairement de cuivre. Elle est faite ordinairement de deux pièces, l'une est un cercle de l'épaisseur d'un pouce et demi, et l'autre un bouchon qui entre dans le cercle. Le cercle doit être immobile, et le bouchon mobile, pour que l'on ait la facilité d'ouvrir et de fermer le passage à l'eau ; c'est pourquoi il est à boucle ; on la prend avec un crochet pour la lever.

Les soupapes doivent être d'abord étamées ; on râpe le cercle de la soupape, pour en ôter la crasse qui s'y dépose, on la trempe ensuite dans la soudure, qui y prend et s'y attache comme celle qu'on met dans le dedans des casseroles.

Lorsque le cercle de la soupape est étamé, on en bouchera le trou qu'on doit avoir laissé à la table de plomb, et on la soudera tout autour à cette table de plomb après l'avoir écaillée. Le tout s'attachera ensemble ; par ce moyen le cercle deviendra immobile, et le bouchon se lèvera et se rabaissera ainsi qu'on le jugera convenable.

Après avoir donné la manière de faire les réservoirs ; il est nécessaire de dire de quelle manière on peut faire la distribution des eaux qu'ils contiennent. La première opération est de placer les tuyaux de conduite ; on entend par tuyau de conduite, un tuyau principal, auquel plusieurs autres sont joints, pour distribuer et conduire aux endroits qu'on juge à propos l'eau contenue dans le réservoir. On commence par poser le tuyau principal qui doit entrer dans l'intérieur du réservoir, par l'ouverture qui a été faite pour le recevoir, il doit monter jusqu'au milieu du réservoir, et il faut l'attacher en dedans, ainsi que le trop-plein ; mais on doit avoir le soin de souder les clous tout autour des trous qu'ils font aux tables dans lesquelles on les enfonce. On soude à ce premier tuyau d'autres tuyaux du même diamètre, pour le conduire en tel endroit qu'on veut.

Lorsqu'on veut embrancher de petits tuyaux aux tuyaux principaux, on fait à ces derniers une ouverture proportionnée au diamètre de ceux qu'on veut leur joindre, et on les attache ensuite par des nœuds de soudure. On assied ensuite les tuyaux sur de la terre, ou sur des cordons de pierre qu'on appelle gargouilles.

Un robinet est une clef faite pour fermer le passage à toutes sortes de liquides.

Le robinet est composé de deux pièces de cuivre qui entrent l'une dans l'autre. Une partie est immobile, le bouchon, au contraire, est mobile. Ces deux pièces sont percées à jour dans un ou plusieurs endroits de leur circonférence, en telle sorte que les eaux trouvent un passage lorsque les deux trous des deux parties du robinet se rencontrent ou se regardent ; et au contraire toute issue leur est bouchée lorsqu'ils sont tournés d'un sens opposé.

Il existe plusieurs sortes de robinets ; les uns sont à une eau, les autres à deux, les autres à trois. Ceux qui sont à une eau ont deux branches, et le bouchon n'a qu'un trou qui le travese ; ceux qui sont à deux eaux ont trois branches, et leur bouchon a trois trous ; ceux qui sont à trois eaux, ont quatre branches, et leur bouchon a quatre trous.

Les robinets sont nécessaires, soit pour arrêter les eaux quand on veut dégorger les tuyaux ou pour distribuer les eaux.

On doit employer les robinets à une eau lorsqu'on ne veut aller à l'eau qu'à un seul endroit, et qu'il n'y a par conséquent qu'un seul tuyau de conduite. On doit se servir des robinets à deux eaux, ou à trois branches, lorsqu'on veut que l'eau aille dans deux endroits différens, il y a par conséquent deux tuyaux de conduite. Les robinets à trois eaux s'emploient lorsqu'on veut que l'eau aille à trois endroits différens. Un robinet, avant d'être soudé, doit d'abord être étamé. L'étamage des robinets se fait avec une lime ordinaire de serrurier, avec laquelle on râpe le bout de chaque branche pour en enlever la superficie. On y verse ensuite de l'étain qui s'attache au cuivre, et le met par ce moyen en état de prendre à toutes sortes de soudures.

Quand les robinets qu'on veut mettre dans une conduite sont étamés, on prend la batte ronde et on amincit le bout du tuyau qui doit donner l'eau au robinet, pour le faire entrer dans une de ces branches, parce qu'il faut, autant qu'on le peut, ne point mettre d'obstacle au cours de l'eau, et que l'on en mettrait un très-grand, si la branche du robinet entrait dans le tuyau supérieur. Il faut faire tout le contraire à l'autre bout du robinet, il faut que la branche qui donnera de l'eau entre dans le tuyau inférieur. Pour cet effet, on ouvre le bout du tuyau avec le tampon et le marteau ; quand le tout est dans sa place, on fait un nœud de soudure à chaque côté du robinet que l'on vient de placer; c'est-à-dire, si un robinet a deux branches, on en fera deux, etc., etc.

On se sert quelquefois de robinets à trois et quatre branches pour une seule eau, c'est lorsqu'on veut la faire aller successivement à plusieurs endroits différens.

Pour les fontaines ordinaires, la plomberie se réduit aux tuyaux de conduite qui viennent en droiture du réservoir de distribution, ou qu'ils embranchent à un tuyau principal; les plombiers les soudent et les conduisent de cette sorte dans une cour ou un jardin, en un mot, à l'endroit où doit être la fontaine, en les allongeant par autant de tuyaux et de nœuds de soudure qu'il en faut pour y arriver. Là ils redressent leur dernier tuyau de conduite et l'élèvent à proportion de l'eau qu'ils veulent donner à leur fontaine, et que la vivacité de l'eau qui vient du réservoir leur permet. Au bout de ce tuyau de conduite ils soudent quelquefois un bout de tuyau de fer ou de cuivre, quelquefois un robinet, quand on ne veut pas que la fontaine aille toujours.

Dans les fontaines un peu plus recherchées, les plombiers ont coutume de jeter en moule des placards qui représentent assez ordinairement une tête de lion, dans la gueule duquel ils mettent un petit tuyau en fonte pour former le jet. Ces fontaines se placent ordinairement dans l'angle d'une cour. Quant à celles qui sont au milieu des cours, ils conduisent le jet au haut de la pyramide, et le font sortir en gerbe par le moyen d'un ajutoir. Quelquefois ils enveloppent ce jet d'un globe de plomb ou de pierre de taille, qui est en deux parties cimentées dans leur joint. Ils l'enferment hermétiquement et le rendent invisible. Alors, ils flanquent quatre petits tuyaux de fonte dans le globe, et en font sortir quatre jets.

On entend par *jet d'eau* un grand bassin de pierre ou de marbre qui est horizontal à la terre, et d'où il sort une gerbe d'eau plus ou moins forte qui retombe dans ce même bassin. L'eau s'élève à une hauteur plus ou moins grande, selon la hauteur de la source. Pour établir ces jets d'eau, il faut que le plombier ait avec lui un maçon, et qu'il lui fasse sous ses yeux creuser un bassin dans la terre, au milieu duquel on fait un petit fossé où l'on pose la petite boule d'où doit sortir le jet ou la gerbe d'eau, et dans laquelle on doit déjà avoir mis un bout de tuyau de conduite. On soude ensuite un autre tuyau au premier pour le sortir hors du bassin ; on pose un autre tuyau avec soupape pour faire sortir les eaux du bassin quand on voudra le nettoyer ; on pave ensuite le bassin et on le cimente de telle sorte que les eaux n'en puissent sortir. L'ajoutoir est un morceau de cuivre par où la gerbe d'eau passe, et qui est à l'extrémité du tuyau de conduite. Il ne faut pas que le tuyau entre dans l'ajoutoir, comme cela devrait se faire, si on ne voulait pas gêner le cours de l'eau ; il faut au contraire faire entrer le bout de l'ajoutoir dans l'orifice du tuyau.

On reprend la conduite au bas du bassin, c'est-à-dire, on soude un tuyau à celui qu'on a déjà posé, toujours en faisant un nœud de soudure entre les deux, et faisant entrer le tuyau qui doit donner de l'eau dans celui qui la reçoit. On continue ainsi jusqu'à l'endroit où l'on veut prendre l'eau. Cela peut se faire de deux manières, ou en conduisant le tuyau jusqu'au réservoir, en telle sorte qu'il n'ait point de communication avec les autres conduites et qu'il en soit séparé, ou en l'embranchant à la première conduite de la fontaine ; alors il faudra se servir d'un robinet à une eau.

Une nappe d'eau est un jet ou plusieurs

jets de fontaine, dont la chute est brisée. Le travail est le même que celui des fontaines ordinaires et des jets d'eau. Quant à ce qui regarde la pose des tuyaux, toute la différence qu'il y a, c'est qu'on fait tomber le jet ou la gerbe d'eau sur un bassin peu profond et presque plat. L'eau, brisée par ce bassin, jaillit tout autour dans un bassin inférieur qui la rend dans un troisième bassin par deux endroits. Ce troisième bassin doit avoir un trop plein qui, toujours ouvert, donne passage à une quantité d'eau égale à celle qui tombe dans le bassin.

Une cascade est une grande quantité d'eau qui descend du haut d'une élévation un peu considérable avec rapidité, et tombant sur plusieurs petits rochers ou escaliers de maçonnerie, est brisée en une infinité d'endroits. Pour les établir, il faut que le plombier monte ses tuyaux à la hauteur du lieu où la cascade qu'on veut faire doit être établie; ensuite il doit les couvrir par un bassin de marbre ou de plomb. Ce bassin doit être percé dans le milieu et plat, afin que l'eau, sortant par le milieu, se répande de côté et d'autre sur les degrés de pierre de taille ou de marbre, et suive la chute qu'on lui prescrit.

Pour faire jouer les fontaines, jets d'eau, etc., il faut d'abord savoir si toutes ces pièces d'eau doivent aller à la fois, ou si l'on ne veut en faire aller qu'une seule, et les autres tour à tour, quand on le juge à propos. Si on a une quantité d'eau pour qu'elles aillent toujours, il n'y aura rien à faire, sinon qu'à laisser couler l'eau qu'on a destinée à chacune d'elles. Si, au contraire, on n'a qu'une eau, et qu'on veuille la faire aller tantôt à la fontaine, tantôt aux jets d'eau et tantôt à la cascade, il faudra avoir recours à des robinets dont le bouchon soit fait de telle sorte qu'il ferme le passage à l'eau d'un côté, et le lui ouvre en même temps de l'autre.

Malgré l'attention qu'on apporte à réparer les défauts des tuyaux avant de les mettre en place, il ne laisse pas d'arriver de temps en temps qu'il se fait des ouvertures par où l'eau s'échappe; elles sont quelquefois occasionées par la gelée, d'autres fois parce qu'il se trouve aux tables dont on fait les tuyaux, ou à ceux qui sont jetés dans les moules, des parties minces qui ne peuvent supporter la charge de l'eau qui sort des réservoirs fort élevés; enfin, il se rencontre des défauts de soudure et des engorgemens de corps durs qui percent les tuyaux.

Dans tous ces cas, on s'aperçoit que ces jets d'eau et fontaines ne fournissent plus la quantité qu'ils donnaient auparavant. Il existe plusieurs moyens de connaître les pertes d'eau. Le premier moyen est de suivre la trace des tuyaux posés sur des gargouilles en pierre, et l'endroit où l'eau jaillira sera l'endroit où le tuyau est percé; le plombier devra s'y arrêter et le réparer.

Quand on ne peut apercevoir les lieux où les tuyaux fuient, il faut visiter les regards, c'est le deuxième moyen quand le regard est tout-à-fait ouvert; on mettra en décharge le robinet, c'est-à-dire on en retirera la clef, et si le tuyau est bon jusqu'à cet endroit, l'eau sortira avec force alors on la remettra, et on passera à celui qui vient après, pour y faire la même opération. Lorsqu'il n'y a point de robinet, il faut faire une ouverture au conduit, elle se fait en enlevant une plaque de plomb de la largeur du diamètre du tuyau, et d'environ 8 pouces de long. Si le tuyau est plein d'eau à cet endroit, et qu'elle y ait un libre cours, c'est une preuve que le tuyau est bon jusque-là. Il faut passer au troisième regard; mais il arrive souvent qu'il n'y en a pas, et que la perte d'eau se trouve dans cette partie de la conduite.

Alors il faudra faire des fouilles, ce sont des fossés que les plombiers font à l'endroit à peu près où il est possible de présumer que l'eau fuit. Les fouilles que l'on fait dans ces cas-là sont de 4 pieds de long sur 2 pieds de large. On porte avec soi une bêche, pareille à celle dont on se sert pour labourer le sable du moule. On creuse le fossé avec la pioche et la bêche, jusqu'à l'endroit où l'on présume qu'est le tuyau, il faut prendre garde de ne pas l'atteindre. Quand on l'a dégagé en entier, les fractures qui se sont faites au tuyau laissent échapper beaucoup d'eau; il est ordinaire que les fossés que l'on fait se remplissent d'eau à une certaine profondeur. Pour l'en retirer on a ordinairement un seau avec lequel on puisera l'eau qui s'est répandue dans le fossé qu'on a fait; et on la retirera pour la jeter dans la rue. Si le tuyau de conduite n'a besoin que d'être soudé en quelqu'endroit, n'ayant qu'une petite fracture, il n'y aura qu'à la boucher simplement avec de la soudure; si le tuyau était engorgé, les plombiers emploient différens instrumens à cet usage. Le *tampon* est un bouchon de bois plus ou moins gros qu'ils adaptent à l'orifice du tuyau qu'ils veulent dégorger, et avec lequel ils le ferment hermétiquement, ils enveloppent ce tampon de chanvre pour en augmenter ou retrancher la grosseur.

L'effet de cet instrument est de réunir une grande quantité d'eau dans le tuyau qu'on veut dégorger, en lui fermant tout passage, afin qu'en le retirant après un certain temps, les eaux ainsi accumulées sortent avec force et entraînent tout ce qui se rencontre sous leur passage. Mais ce moyen ne réussit pas toujours; alors on est obligé d'employer la sonde. La sonde des fontaines est faite de plusieurs baguettes de fer, grosses environ comme le petit doigt, et unies l'une à l'autre par des anneaux qui entrent l'un dans l'autre. Au bout de cette sonde est un tire-bourre pour arracher tout ce qui se trouve à son passage. Elle n'est point embarrassante parce qu'on peut la plier fort aisément. On la met quand on veut sous le bras. On fait entrer la sonde dans le tuyau par son tire-bourre, on doit avoir l'attention de la tourner toujours du même côté quand on l'enfonce, et du côté opposé quand on la retire. On doit faire grande attention de ne pas crever le tuyau avec le tire-bourre de la sonde. Il faut que le poignet sente quand la direction qu'on lui donne est droite ou fausse. Quand on s'apercevra qu'elle est prise au limon, qui engorge le conduit, alors on la retirera à soi pour entraîner avec elle ce qui bouchait le passage de l'eau. On y reviendra à plusieurs fois. Après quoi on remettra la clef ou la poignée du robinet qu'on avait enlevée pour le mettre en décharge, et l'on bouchera en outre par le moyen du tampon; le reste du limon, étant chargé par l'eau, sortira par l'ouverture qu'on a faite au tuyau, en forme de longs boudins, et, le tuyau étant entièrement dégorgé, l'eau reprendra son cours.

Si cela ne suffit pas, on emploiera le siphon pour précipiter le cours de l'eau et forcer les obstacles qui se rencontrent en son chemin. Le siphon s'emploie aussi pour dégorger les tuyaux; pour ce on plonge dans l'eau du réservoir les deux branches renversées, de telle manière que l'eau puisse y entrer et en remplir la concavité; on les redresse ensuite en bouchant avec les deux pouces l'orifice de chacune de ces deux branches; on pose la plus courte dans le réservoir, et l'autre dans le tuyau de la cuvette en même temps, en retirant les doigts qui tenaient l'eau qui est dans le siphon; l'eau du réservoir, pressée par le poids de l'air, chasse bientôt, en prenant sa place, la première eau qui est entrée dans le siphon, qui, ne trouvant pas d'obstacle, et vivement poussée par la colonne d'eau qui la suit, se précipite dans le tuyau. Il y a des siphons de plusieurs grandeurs. Les plus grands ne peuvent se plonger dans les réservoirs, il faut les remplir d'eau d'une autre manière. Il faut verser dans ces siphons de l'eau avec une cruche, jusqu'à ce qu'elle les ait remplis d'un orifice à l'autre. L'eau, ainsi forcée, sort bientôt à l'autre bout du tuyau avec tant de précipitation, qu'il est impossible qu'aucun obstable lui résiste.

Pour le resoudage des tuyaux, les plombiers emploient différens instrumens; ils ont coutume d'apporter avec eux un sac rempli de différens outils, parmi lesquels il y a un grattoir, un fer à souder, un porte-soudure. Il leur faut encore un petit fourneau, un polastre et une marmite de fonte de fer. Le polastre est de fer; ce sont deux bandes attachées avec deux clous qui s'ouvrent et se ferment de même. On l'applique sur le tuyau qu'il embrasse. On le remplit de charbons allumés pour sécher le dehors des tuyaux, afin que la soudure y prenne mieux.

Pour resouder l'ouverture faite aux tuyaux, on commence à remplir de soudure la marmite et on la met sur le fourneau; on en allume le charbon avec un soufflet; un autre ouvrier descend dans le fossé, il commence à écailler ou gratter le tuyau tout autour de l'ouverture qu'on lui a faite. Il coupe une plaque de plomb de sa longueur et largeur, qu'il écaille également tout autour; il l'applique ensuite à l'endroit qui lui est destiné. Il faut d'abord qu'il ait la précaution de faire sécher; le tuyau avec le polastre, qu'il applique dessus après l'avoir rempli de braise, il l'enlève ensuite et verse de la soudure sur le tuyau échauffé par le polastre, tout autour de l'endroit qu'il a écaillé, et de la plaque de plomb qu'il y a posée: il retient d'une main avec le coutil, la soudure qu'il y verse, de l'autre il la frotte avec de la poix résine, et y passe enfin le fer à souder. Lorsque l'eau a repris son cours, et que le tuyau est soudé, on met le fossé à sec, on place de la terre autour du tuyau, ensuite on achève de combler le fossé.

On entend par raffinage l'action de revivifier des parties de plomb décomposées, ce que les plombiers appellent proprement crasses. Ce travail consiste, 1°. à laver ces sortes de cendrées; 2°. à les jeter dans le creuset; 3°. à les recevoir à mesure qu'elles fondent; 4°. à les couler dans les lingotières. Pour laver les cendrées, il faut avoir quatre tonneaux, une sébille et une truelle. Il faut être quatre ouvriers, le premier amoncelle à côté de lui les cendrées qu'il veut laver, pour les avoir à sa portée, ensuite prenant la sébille, il la remplit à moitié de cendrée, et la plonge dans le premier tonneau, où elle se remplit d'eau. Il remue le tout avec la truelle. Les charbons ou la terre, qui se trouvent mélangés avec les parcelles de plomb, s'en séparent, ainsi que celles qui ont été décomposées dans les fontes, et nagent sur la surface de l'eau qui est dans la sébille, on les fait tomber dans le tonneau avec la truelle. Quand une fois ils en ont été enlevés, on pauche la sébille sur un côté, et on en fait tomber l'eau doucement. On trouve au fond le plomb qui s'y est précipité, étant dégagé des corps étrangers plus légers que lui.

Le premier ouvrier fait ensuite passer cette sébille à celui qui est à côté de lui ; il la prend et la plonge de nouveau dans l'eau du second tonneau ; il la remue de même avec la truelle, et en ôte de nouveau les corps étrangers plus menus que les premiers qui s'élèvent pareillement sur la surface de l'eau qui est dans la sébille, en les faisant tomber dans son tonneau. Il donne ensuite la sébille au troisième qui fait la même opération. Il finit de laver les cendres dans une eau nouvelle que contient le troisième tonneau, et de les purifier de toutes les matières étrangères. Il vide la sébille, et trouve au fond une cendre de plomb qui ressemble à du terreau ; il la donne au quatrième ouvrier, qui fait tomber cette cendrée dans un quatrième tonneau qui est devant lui, et qui, n'ayant pas de fond, donne passage à l'eau que suent ces cendrées. Le premier ouvrier prend de nouvelles cendrées, et la même opération recommence jusqu'à ce que toutes les cendrées soient lavées. Le lavage qui se fait dans une rivière est plus exact et diminue la main-d'œuvre : il n'est besoin, dans ce cas, que d'un baquet, et d'une sébille ou panier, et trois ouvriers font tout l'ouvrage. L'on commence par garnir le panier de cendrées ; un autre ouvrier le prend, le plonge dans la rivière, et en fait sortir toutes les matières étrangères avec sa truelle ; il le vide et le remplit plusieurs fois de l'eau de la rivière, qui emporte dans son courant les parties qui se trouvaient unies à la cendrée de plomb. Cela se fait sans qu'on ait besoin de courir d'un tonneau à un autre, parce que l'eau de la rivière, qui se renouvelle à chaque instant, entraîne l'eau qui se salit.

L'autre ouvrier écarte les terres lavées sur un grand drap, qu'il étend au bord de la rivière pour les faire sécher ; quand elles le sont suffisamment, on les charge pour les transporter à l'atelier.

Quand les cendres sont lavées, et qu'on les a fait suer, on les passe au creuset pour se revivifier par la fusion. Le creuset des plombiers raffineurs est un fourneau construit en briques de Bourgogne. La forme de ce creuset est carrée, et a environ 4 pieds et demi de haut et 3 pieds de large. Il est tout massif, il n'y a dans le milieu qu'un petit canal qui est courbé et fait en pointe. Dans le milieu, du côté droit de ce creuset, on fait passer la tuyère d'un soufflet, qui est semblable à ceux des maréchaux. Au-dessus du creuset est une cheminée pour en recevoir la fumée, son manteau est de plâtre, et enveloppe tout le creuset. La construction de ce creuset est ce qui coûte le plus dans le raffinage, parce qu'il faut le reconstruire plusieurs fois dans une année.

Quelques-uns de ces creusets sont faits de façon que la flamme sort par les deux bouts du canal. Pour que les briques résistent plus long-temps sans se fondre, on peut faire, à chaque fois que l'on construit un nouveau fourneau, un petit enduit avec le mâche-fer que l'on en tire ; pour cela on broie ce mâche-fer, et on en mêle une certaine quantité avec le mortier qu'on y emploie, cela forme un ciment qui résiste plus long-temps au feu que le mortier ordinaire.

On se sert ordinairement du charbon de l'Yonne ; on jette d'abord une pelée de braise dans le foyer, elle tombe dans

le coude que fait le creuset en dedans de la maçonnerie, à l'endroit où
répond le tuyau du soufflet, afin que le
vent la tienne bien allumée ; on met ensuite sur cette couche une pelée de
charbon, dont on fait une première couche ; on met ensuite une couche de cendrée. On continue de former ces couches
alternativement, jusqu'à ce qu'on ait rempli le foyer, ce que les raffineurs appellent charger le creuset. Pendant cette
opération, on fait toujours agir le soufflet
pour allumer le charbon qui fait bientôt
fondre la cendrée.

Le feu consume une partie des corps
étrangers, et en calcine une autre partie qui était mêlée avec le charbon ainsi
qu'avec la brique, qui, fondant toujours
un peu à chaque raffinage, forme des
scories qu'on appelle mâche-fer. Pour
recevoir le plomb qui coule du creuset,
il faut avoir une chaudière de fonte
d'environ un pied de haut sur 2 pieds
de large ; la hauteur ne peut pas être
augmentée, parce qu'il faut qu'il y ait
quelque distance du canal par où le
plomb coule à la chaudière ; plus la chaudière sera grande, plus on aura de facilité à écumer le plomb qui doit y tom-

ber. On le laissera couler tant qu'il voudra sans toucher au creuset, afin de ne pas boucher le passage qu'il s'est ouvert; on ne touchera pas même au foyer; mais quand on verra que le creuset ne rend plus de plomb, on se disposera à le vider, afin d'en tirer le mâche-fer; pour cela il faut avoir des pinces pour le briser. Les pinces dont se servent les raffineurs sont de plusieurs grandeurs, les unes ont 5 pieds et demi, les autres 4 pieds, d'autres 3 pieds seulement, ce sont des barres de fer rondes : d'un côté elles ont un bouton, c'est par où on les prend, de l'autre elles sont taillantes. On emploie les unes ou les autres selon l'endroit où le mâche-fer se trouve le plus calciné. On écume le plomb qui sort du creuset, en faisant chauffer l'écumoire pour qu'elle ne s'étame point. Elle est bientôt chaude en la posant sur le foyer du creuset; lorsqu'elle sera brûlante, on la trempera dans le plomb fondu de la chaudière, et on s'en servira pour enlever l'écume qu'on rejettera dans le creuset, afin de la revivifier de nouveau; l'opération est la même pour les cendrées d'étain.

Le plomb ou l'étain raffiné se coulent

dans des lingotières; elles sont de petin, et ont environ 2 pieds de long sur 4 ou 5 pouces de large, elles ont 2 pouces de profondeur; il y en a de plus grandes ou de plus petites. Pour couler dans ces lingotières, on commence d'abord par frotter le dedans avec de la graisse, ensuite on y verse le plomb avec une cuillère d'environ 6 pouces de diamètre, sur 2 pouces de profondeur. Quand on a rempli la lingotière, on attend que le plomb soit froid, ensuite on la renverse pour retirer le lingot de plomb. On fait en particulier la même opération aux cendrées qui proviennent des soudures. Lorsque les cendrées sont bonnes on en retire la moitié de plomb.

Les tuyaux se font de trois manières différentes. La première est de les mouler et alors leur diamètre peut avoir jusqu'à 6 pouces. Pour cela on les coule dans un cylindre creux, de 2 pieds de longueur, formé de deux pièces réunies par des charnières et bouché par deux portées qui reçoivent un noyau formant le vide du tuyau. Dans cette opération le plomb a besoin d'un degré plus fort que les tables. Ces tuyaux ont ordinairement 12 pieds de long et 3 à 5 lignes d'épaisseur.

On fait dix-huit coulages par heure lorsque le plomb est préparé, et il en faut
six pour chacun des tuyaux.

La seconde manière consiste à établir
les tuyaux avec du plomb coulé en table, et ensuite à les souder de long ; dans
ce cas, la dimension de leur diamètre n'est
point fixe. Pour former ces tuyaux, on
coupe dans une bande de plomb de largeur convenable, et on les roule sur un
mandrin de bois ; les parties des bandes qui
doivent recevoir la soudure, sont avivées
sur une largeur de 2", afin que la soudure puisse s'y fixer.

La troisième manière, que l'on appelle
physiqué, consiste à dresser avec soin au
rabot les deux épaisseurs après les avoir
coupées, et à les rouler ensuite bien également, afin qu'il ne se trouve point de
vide à la jonction ; alors on pousse sur cette
jonction une cannelure d'environ 3 lignes de largeur, et profonde de l'épaisseur du tuyau, en en exceptant une ligne. Cette opération terminée, on étame
le plomb et on y coule la soudure qui
doit être d'étain pur de vaisselle. La soudure est un alliage de plomb et d'étain
que l'on fait fondre. Lorsque la soudure
préparée est assez chaude, on la verse

en partie sur la jonction que l'on veut souder, et on la fait prendre sur le plomb au moyen d'une poignée faite de lisière de drap, et d'un fer chaud enduit de poix résine pour qu'il ne s'attache point, et qu'il coule mieux sur la matière.

PRIX

DE LA PLOMBERIE

ET DE LA FONTAINERIE.

Prix du plomb, de l'étain et des journées d'ouvriers.

	fr.	c.
Le plomb en saumons, le quintal.	46	
Le vieux plomb, déduction des 4 au 100.	44	
Étain fin.	210	
Étain à la rose.	150	
Étain de vaisselle.	120	
La journée des plombiers est de 10 heures de travail, et se paie.	4	25
La journée des garçons est de.	2	75

Une livre de plomb coulé sur sable, sur toile ou sur pierre, depuis 3 quarts de ligne d'épaisseur jusqu'à une ligne et demie, employé pour table et ouvrage de comble en général, non compris la pose.   54

Le même mis en place. . . .   56

Le plomb neuf, lorsque l'entrepreneur, en livrant celui-ci, reçoit la même quantité (déduction des 4 au 100) de vieux plomb, qui, dans ce cas, n'offre plus qu'un détail de plomb. Pour façon et pose.   4

Plomb laminé, depuis une demi-ligne jusqu'à 1 ligne d'épaisseur.   56

La livre de ce plomb, y compris la pose   60

Plomb employé pour tuyaux moulés de 1 et 2 pouces de diamètre, non compris la pose. . .   54

la livre.
fr.　　c.

Plomb employé pour tuyaux soudés, cuvettes et ouvrages semblables, non posés. . . . . .　　55

Tuyaux physiqués de 12 à 24 lignes de diamètre, faits en plomb coulé de 1 ligne et demie jusqu'à 3 lignes d'épaisseur, non posés. .　　62

La valeur intrinsèque de la soudure, compris le bénéfice. . .　　98

La soudure employée à l'atelier pour tuyaux, cuvettes et autres ouvrages soudés, avant leur pose. . . . .　　1　13

Soudure employée au bâtiment pour ouvrages neufs en table, pour combles, terrasses, réservoirs, collets, jonctions de tuyaux.　　1　32

Le pied superficiel de plomb laminé, sur $\frac{1}{2}$ ligne d'épaisseur pèse 2 liv. 12 onces.

Id. sur 1 ligne d'épaiss.　　5　　8

Id. sur 1 ligne $\frac{1}{2}$ d'épaiss.　　8

Id. sur 2 lignes d'épaiss.　11

Pour souder en long les tuyaux, il s'emploie par chaque pied linéaire de soudure, pour ceux de 2° à 4° de diamètre, une livre, pour ceux de 4°, une livre un quart, pour ceux de 5°, une livre et demie ; et pour ceux de 6°, 2 livres de soudure.

Les plombs sont divisés en trois classes et comptés au poids.

La première comprend les plombs employés en tables, en tuyaux moulés et en tuyaux soudés. Les plombs employés en tuyaux physiqués forment la seconde classe. Parmi ces plombs on distingue ceux qui sont coulés d'avec ceux qui sont laminés, ceux posés par les plombiers d'avec ceux posés par les couvreurs. La pose de tous les tuyaux, cuvettes, etc., sera comptée à la journée.

Les soudures seront comptées au poids. On distinguera la soudure employée à l'atelier sur les tuyaux ou autres ouvrages. En second lieu, la soudure employée dans le bâtiment sur plombs neufs, en tables, tuyaux et cuvettes.

On distinguera également la soudure employée sur les vieux plombs en réparations partielles ; dans ces sortes d'ouvrages tout sera compté séparément.

Les plombiers se chargeant de tous les objets de fontainerie, nous allons en établir les prix.

La journée des fondeurs et pompiers est la même que celle des plombiers.

DES POMPES.

Pompes en bois.

	fr.	c.
Un corps de pompe en bois d'orme choisi, vaut, le pied linéaire non compris la pose....	4	»
Le manchon en cuivre rapporté par le bas, portant 16° à 12° de hauteur sur 4° de diamètre, et ajusté en place...........	13	50
Le clapet, cloué sur le bois, garni de sa boîte, et posé en place..............	8	»
Le piston, monté sur la tringle, et ajusté en place.........	12	»
Chaque cercle en fer pour lier le corps de pompe..........	2	50

Le pied linéaire de tringle en

fr.   c.

bois d'orme , avec cercle en
fer. . . . .   »   35
Les armatures en fer pour ces
pompes , comme pour les suivan-
tes composées de châssis , balan-
ciers , tringles , colliers , brides.
La livre.   1   40
Pompe en plomb. Les colon-
nes montantes pour aspiration ,
en tuyaux moulés , non compris
les soudures et la pose. La livre
vaut. . . . .   »   55
Les mines , en tuyaux physi-
qués et soudés à l'étain , compris
soudure et non la pose. La livre
vaut. . . . .   »   61
Pompe en cuivre. Les colonnes
montantes en cuivre potin fondu ,
bien tournées , et portant brides
simples ou doubles , avec calotte
ou porte-soupape , non compris
pose. Vaut la livre   2   70
Les colonnes en cuivre de chau-
dronnier , bien planées et sou-

	fr.	c.

dées, non compris pose. Vaut la livre... 3 50

Pour ces pompes, chaque piston en bois garni de son cuir et de deux frettes en cuivre, avec soupape en plomb allié d'étain et de zinc. 16

Chaque clapet à soupape en étain de 4 pouces à 4 pouces et demi de diamètre, garni de doubles cuirs. 9

Chaque vis à chapeau en fer, de 4 pouces à 4 pouces et demi, sur 9 lignes, avec écrou. 1 20

Le vieux cuivre potin vaut la livre. 1 55

Id. rouge. 1 90

Un robinet à tête, de 1 pouce de diamètre à l'orifice, en cuivre potin, du poids de quatre livres trois quarts environ, non compris soudure sur place. 14

Le même, de 9 lignes de diamètre et du poids de trois livres un quart. 11 50

	fr.	c.
Id. de 6 lignes de diamètre et du poids de 2 livres environ. . .	8	
Les robinets au-dessus de 12 lignes se livrent au poids. La livre de ceux qui portent 13 à 16 lignes de diamètre, est de.	2	90
La livre de ceux qui sont au-dessus.	2	80
Deux robinets à col de cygne, de forme ordinaire unie, sans être à vis, et du plus petit modèle.	30	
Ceux d'un modèle au-dessus.	40	
Ceux à douille, portant un pas de vis fait sur le tour, le robinet tourné et bruni, la paire du petit modèle.	50	
Les mêmes, et d'un modèle au-dessus, la paire.	60	
Les plus petits robinets pour des salles à manger, la paire.. .	18	
Le modèle au-dessus.	24	
Les plus forts modèles.	30	
Chaque gros robinet de garde-		

	fr.	c.

robe à trois clefs, garni de langue, bride, vis, guide, avec un canon de propreté, poignée et rosette tournées et brunies. . . . 50

Le pareil robinet, mais de plus petit modèle. 40

Chaque robinet simple pour garde-robe, garni de langue, bride, vis, poignée, etc., le fort modèle. 30

Id. le plus petit modèle. . . . 25

Pour baignoire, chaque soupape en cuivre potin, de 12 lignes de diamètre.. 5

Celle de 18 lignes. 7

Id. de 2 pouces. 10   50

Id. de 3 pouces. 15

Les soupapes au-dessus de 3 pouces se vendent à la livre. . . 3

Pour robinets de garde-robe, une cuvette en belle faïence de Rouen, ayant 2 pieds de longueur, sans aucune garniture, et posée en place. 25

La même, de 18 pouces de longueur. 18

Les grands pots pour demi-anglaise, de 12 pouces de diamètre, en même faïence. 10

Ceux de 8 à 9 pouces de diamètre. 6

La garniture des premières cuvettes consiste en une bonde, grand modèle, un piston avec une tige coudée, une traverse à coulisseaux portant 3 branches en cuivre, montée sur tasseaux, une poignée avec rosette brunie. . . 35

La soudure de la bonde sur la cuvette et le mastic, compris préparation. 6

Le masticage sans soudure. . 3

La cuvette toute montée de sa garniture et posée en place, revient, celle de 2 pieds, à. . . 66

Celle de 18 pouces, à. 60

La garniture d'un grand pot semblable en tout à celle ci-des-

fr.   c.

sus , mais avec un anneau à char-
nière pour lever le piston. . . .   28

Pour la souder en étain sur
le pot et la mastiquer.   6

Le masticage seulement. . . .   3

Le pot , monté de la garniture
et posé en place, revient, celui
de 12 pouces de diamètre, à. . .   44

Et pour celui de 8 à 9 pouces, à   40

La garniture simple pour ces
mêmes pots, consistant en une
bonde , son piston avec anneau ,
et le crochet pour le lever. . . .   13

Pour la souder et la mastiquer.   6

Le pot monté de sa garniture
et posé en place , vaut , celui
de 12 pouces.   29

Celui de 8 à 9 pouces de diamètre..   25

Le plomb coulé en tables pour
réservoirs, cascades, bassins, etc.,
posées en place, la livre.   56

Plomb laminé employé aux
mêmes usages, *id.*   58

Plomberie et Fontainerie.   8

fr.   c

Plomb en tables employé en tuyaux soudés de long, pour des conduites d'eau, posés en place, *id.* . . . . ,   57

Plomb moulé en tuyaux pour les mêmes conduites, posés en place, *id.*.   57

La soudure employée sur les tuyaux soudés de long, la livre vaut.   1   13

La soudure employée sur place pour les garnitures de réservoirs, bassins, cascades et tuyaux, la livre.   1   32

Pour éviter la filtration des eaux à travers les bassins et les canaux, les fontainiers les enduisent de mortier fait de ciment et de la meilleure chaux possible; ce mortier se prépare ainsi : sur 3 pieds cubes de ciment on en met 2 et 1 quart de chaux éteinte, et on broie ce mélange avec des sabots ferrés, afin d'écraser la plus grande partie des grains du ciment, et d'en former une pâte assez liquide pour que l'on puisse l'employer sans le secours de l'eau.

	fr.	c.
Le mortier fait de pur ciment d'eau forte, le pied cube vaut. .	5	
Étant fait avec 3 quarts de ce premier et 1 quart de tuiles de Bourgogne, le pied cube vaut. .	3	80
Ces deux sortes de ciment mêlés par moitié, le pied cube vaut.	3	26
Le ciment de tuile étant pour les 3 quarts, et le ciment d'eau forte pour 1 quart, le pied cube vaut.	2	35
Le ciment étant fait de pures tuiles de Bourgogne, le pied cube vaut.	1	46

FIN

TABLE

DES MATIÈRES.

Pages.

FIN DE LA TABLE.